阅读让人生更美好。

来图书馆，爱上阅读。

目 录

JANUARY 一月

一	二	三	四	五	六	日
					1 元旦	2 三十
3 腊月	4 初二	5 小寒	6 初四	7 初五	8 初六	9 初七
10 腊八节	11 初九	12 初十	13 十一	14 十二	15 十三	16 十四
17 十五	18 十六	19 十七	20 大寒	21 十九	22 二十	23 廿一
24 廿二	25 廿三	26 廿四	27 廿五	28 廿六	29 廿七	30 廿八
31 除夕						

FEBRUARY 二月

一	二	三	四	五	六	日
	1 春节	2 初二	3 初三	4 立春	5 初五	6 初六
7 初七	8 初八	9 初九	10 初十	11 十一	12 十二	13 十三
14 情人节	15 元宵节	16 十六	17 十七	18 十八	19 雨水	20 二十
21 廿一	22 廿二	23 廿三	24 廿四	25 廿五	26 廿六	27 廿七
28 廿八						

MARCH 三月

一	二	三	四	五	六	日
	1 廿九	2 三十	3 二月	4 初二	5 惊蛰	6 初四
7 初五	8 妇女节	9 初七	10 初八	11 初九	12 植树节	13 十一
14 十二	15 十三	16 十四	17 十五	18 十六	19 十七	20 春分
21 十九	22 二十	23 廿一	24 廿二	25 廿三	26 廿四	27 廿五
28 廿六	29 廿七	30 廿八	31 廿九			

APRIL 四月

一	二	三	四	五	六	日
				1 愚人节	2 初二	3 初三
4 初四	5 清明节	6 初六	7 初七	8 初八	9 初九	10 初十
11 十一	12 十二	13 十三	14 十四	15 十五	16 十六	17 十七
18 十八	19 十九	20 谷雨	21 廿一	22 廿二	23 廿三	24 廿四
25 廿五	26 廿六	27 廿七	28 廿八	29 廿九	30 三十	

MAY 五月

一	二	三	四	五	六	日
						1 劳动节
2 初二	3 初三	4 青年节	5 立夏	6 初六	7 初七	8 母亲节
9 初九	10 初十	11 十一	12 十二	13 十三	14 十四	15 十五
16 十六	17 十七	18 十八	19 十九	20 二十	21 小满	22 廿二
23 廿三	24 廿四	25 廿五	26 廿六	27 廿七	28 廿八	29 廿九
30 五月	31 初二					

JUNE 六月

一	二	三	四	五	六	日
		1 儿童节	2 初四	3 端午节	4 初六	5 初七
6 芒种	7 初九	8 初十	9 十一	10 十二	11 十三	12 十四
13 十五	14 十六	15 十七	16 十八	17 十九	18 二十	19 父亲节
20 廿二	21 夏至	22 廿四	23 廿五	24 廿六	25 廿七	26 廿八
27 廿九	28 三十	29 六月	30 初二			

JULY 七月

一	二	三	四	五	六	日
				1 建党节	2 初四	3 初五
4 初六	5 初七	6 初八	7 小暑	8 初十	9 十一	10 十二
11 十三	12 十四	13 十五	14 十六	15 十七	16 十八	17 十九
18 二十	19 廿一	20 廿二	21 廿三	22 廿四	23 大暑	24 廿六
25 廿七	26 廿八	27 廿九	28 三十	29 七月	30 初二	31 初三

AUGUST 八月

一	二	三	四	五	六	日
1 建军节	2 初五	3 初六	4 七夕节	5 初八	6 初九	7 立秋
8 十一	9 十二	10 十三	11 十四	12 十五	13 十六	14 十七
15 十八	16 十九	17 二十	18 廿一	19 廿二	20 廿三	21 廿四
22 廿五	23 处暑	24 廿七	25 廿八	26 廿九	27 八月	28 初二
29 初三	30 初四	31 初五				

SEPTEMBER 九月

一	二	三	四	五	六	日
			1 初六	2 初七	3 初八	4 初九
5 初十	6 十一	7 白露	8 十三	9 十四	10 中秋节	11 十六
12 十七	13 十八	14 十九	15 二十	16 廿一	17 廿二	18 廿三
19 廿四	20 廿五	21 廿六	22 廿七	23 秋分	24 廿九	25 三十
26 九月	27 初二	28 初三	29 初四	30 初五		

OCTOBER 十月

一	二	三	四	五	六	日
					1 国庆节	2 初七
3 初八	4 重阳节	5 初十	6 十一	7 十二	8 寒露	9 十四
10 十五	11 十六	12 十七	13 十八	14 十九	15 二十	16 廿一
17 廿二	18 廿三	19 廿四	20 廿五	21 廿六	22 廿七	23 霜降
24 廿九	25 十月	26 初二	27 初三	28 初四	29 初五	30 初六
31 初七						

NOVEMBER 十一月

一	二	三	四	五	六	日
	1 初八	2 初九	3 初十	4 十一	5 十二	6 十三
7 立冬	8 十五	9 十六	10 十七	11 十八	12 十九	13 二十
14 廿一	15 廿二	16 廿三	17 廿四	18 廿五	19 廿六	20 廿七
21 廿八	22 小雪	23 三十	24 十一月	25 初二	26 初三	27 初四
28 初五	29 初六	30 初七				

DECEMBER 十二月

一	二	三	四	五	六	日
			1 初八	2 初九	3 初十	4 十一
5 十二	6 十三	7 大雪	8 十五	9 十六	10 十七	11 十八
12 十九	13 二十	14 廿一	15 廿二	16 廿三	17 廿四	18 廿五
19 廿六	20 廿七	21 廿八	22 冬至	23 腊月	24 初二	25 圣诞节
26 初四	27 初五	28 初六	29 初七	30 腊八节	31 初九	

拾貳月

2021

	MON/ 一	TUE/ 二	WED/ 三
			1 廿七
	6 初三	7 大雪	8 初五
	13 初十	14 十一	15 十二
	20 十七	21 冬至	22 十九
	27 廿四	28 廿五	29 廿六

THU/ 四	FRI/ 五	SAT/ 六	SUN/ 日
2 廿八	3 廿九	4 十一月	5 初二
9 初六	10 初七	11 初八	12 初九
16 十三	17 十四	18 十五	19 十六
23 二十	24 廿一	25 圣诞节	26 廿三
30 廿七	31 廿八		

独乐园图（局部）

〔明〕仇英（约 1505—1552）

独乐园是北宋司马光在洛阳的私家园林，司马光曾在此编撰《资治通鉴》。
《独乐园图》依次描绘了弄水轩、读书堂、钓鱼庵、种竹斋、采药圃、浇花亭、
见山台等七景。左图为读书堂。

壹月

20 22

	MON/ 一	TUE/ 二	WED/ 三
	3 腊月	4 初二	5 小寒
	10 腊八节	11 初九	12 初十
	17 十五	18 十六	19 十七
	24 | 31 廿二 | 除夕	25 廿三	26 廿四

THU/ 四	FRI/ 五	SAT/ 六	SUN/ 日
		1 元旦	2 三十
6 初四	7 初五	8 初六	9 初七
13 十一	14 十二	15 十三	16 十四
20 大寒	21 十九	22 二十	23 廿一
27 廿五	28 廿六	29 廿七	30 廿八

壹月 第一周

星期一

星期二

星期三

星期四

星期五

星期六

1

二十九   元旦

星期日

2

三 十

我离开［图书馆］时比抵达时更富有了。……在图书馆里，我可以得到自己想要的任何东西。……离开一个不用付钱就能拿到东西的地方实在令我兴奋，很快就能读到的新书也令我激动不已。

——〔美〕奥尔琳著；文泽尔译：《亲爱的图书馆》，文汇出版社2021年，第9页。

星期一

3

腊　月

星期二

4

初　二

星期三

5

初　三　　　　　　　　　　　　　　　　　小寒

星期四

6

初　四

星期五

7

初　五

星期六

8

初　六

星期日

9

初　七

自由社会给予公民最重要的三份文件分别是出生证明、护照和图书馆读者卡。

—— 美国作家多克托罗（E. L. Doctorow）语录，见：〔美〕威甘德著；谢欢、谢天译：《美国公共图书馆史》，国家图书馆出版社 2021 年，第 1 页。

壹月 第三周

星期一
10
初 八

腊八节

星期二
11
初 九

星期三
12
初 十

星期四
13
十 一

星期五
14
十 二

星期六
15
十 三

星期日
16
十 四

我爱图书馆———一排排的书在等着我，舒适的椅子召唤着我，坐下来读会儿书吧。图书馆里到处都是弗吉尼亚·伍尔夫说的"沉没的宝藏"，每位读者都能在那里找到属于他们自己的珍宝。

〔美〕米勒著；关睿、石东译：《书语者》，新疆青少年出版社2016年，第60页。

星期一
17
十　五

星期二
18
十　六

星期三
19
十　七

星期四
20
十　八　　　　　　　　　　　　　　　　　　　　大寒

星期五
21
十　九

星期六
22
二　十

星期日
23
廿　一

培养终身读者必须从这里开始。每个真正的读者都会告诉你，这份
热爱始于与好书的相遇，始于他人由衷的推荐，始于一群乐于分享
的同道中人。

〔美〕米勒著；关睿、石东译：《书语者》，新疆青少年出版社 2016
年，作者自序第 7 页。

星期一
24
廿 二

星期二
25
廿 三

星期三
26
廿 四

星期四
27
廿 五

星期五
28
廿 六

星期六
29
廿 七

星期日
30
廿 八

我是在图书馆里长大的，至少我自己是这样认为的。童年时期的我住在克利夫兰郊区，离榭柯高地公共图书馆系统下辖的伯特伦·伍兹分馆只有几个街区的距离。从我还很小的时候开始，每周都会跟妈妈一起去好几次图书馆。

——〔美〕奥尔琳著；文泽尔译：《亲爱的图书馆》，文汇出版社2021年，第8页。

书痴（The Bookworm）

〔德〕卡尔·施皮茨韦格（Carl Spitzweg, 1808—1885）

MON/ 一	TUE/ 二	WED/ 三
	1 春节　金虎贺岁	2 初二
7 初七	8 初八	9 初九
14 情人节 LOVE	15 元宵节	16 十六
21 廿一	22 廿二	23 廿三
28 廿八		

THU/ 四	FRI/ 五	SAT/ 六	SUN/ 日
3 初三	4 立春	5 初五	6 初六
10 初十	11 十一	12 十二	13 十三
17 十七	18 十八	19 雨水	20 二十
24 廿四	25 廿五	26 廿六	27 廿七

星期一
31
廿 九

除夕

星期二
1
正 月

春节

星期三
2
初 二

星期四
3
初 三

星期五
4
初 四

立春

星期六
5
初 五

星期日
6
初 六

爆竹声中一岁除，春风送暖入屠苏。千门万户曈曈日，总把新桃换旧符。（王安石《元日》）

【注释】元日指农历正月初一，是我国最为隆重的传统节日。

—— 张立敏译注：《千家诗》（中华蒙学经典），中华书局2012年，第9页。

星期一
7
初 七

星期二
8
初 八

星期三
9
初 九

星期四
10
初 十

星期五
11
十 一

星期六
12
十 二

星期日
13
十 三

如果你很想读一本书，但这本书还没被写出来，那么你就必须自己动手去写。

—— 美国小说家、诺贝尔文学奖得主托妮·莫里森（Toni Morrison）语录，见：《书语者》，新疆青少年出版社 2016 年，作者自序第 8 页。

星期一
14
十　四　　　　　　　　　　　　　　　　　　　情人节

星期二
15
十　五　　　　　　　　　　　　　　　　　　　元宵节

星期三
16
十　六

星期四
17
十　七

星期五
18
十　八

星期六
19
十　九　　　　　　　　　　　　　　　　　　　雨水

星期日
20
二　十

东风夜放花千树，更吹落、星如雨。宝马雕车香满路。凤箫声动，
玉壶光转，一夜鱼龙舞。　　蛾儿雪柳黄金缕，笑语盈盈暗香去。
众里寻他千百度，蓦然回首，那人却在，灯火阑珊处。（辛弃疾《青
玉案·元夕》）

【注释】元夕即元宵，正月十五夜。

——王兆鹏解读：《辛弃疾集》，国家图书馆出版社 2020 年，第 49 页。

貳月 第九周

星期一
21
廿 一

星期二
22
廿 二

星期三
23
廿 三

星期四
24
廿 四

星期五
25
廿 五

星期六
26
廿 六

星期日
27
廿 七

一想到清华图书馆，一股温馨的暖流便立即油然涌上心头。在清华
园念过书的人，谁也不会忘记两馆：一个是体育馆，一个就是图书馆。

——季羡林:《温馨的回忆》,见:侯竹筠、韦庆缘主编:《不尽书缘:
忆清华大学图书馆》,清华大学出版社 2001 年, 第 48 页。

39

青园图（局部）

[明]沈周（1427—1509）

叁 月

20
22

MON/ 一	TUE/ 二	WED/ 三
	1 廿九	2 三十
7 初五	8 妇女节	9 初七
14 十二	15 十三	16 十四
21 十九	22 二十	23 廿一
28 廿六	29 廿七	30 廿八

THU/ 四	FRI/ 五	SAT/ 六	SUN/ 日
3 二月	4 初二	5 惊蛰	6 初四
10 初八	11 初九	12 植树节	13 十一
17 十五	18 十六	19 十七	20 春分
24 廿二	25 廿三	26 廿四	27 廿五
31 廿九			

星期一
28
廿 八

星期二
1
廿 九

星期三
2
三 十

星期四
3
二 月

星期五
4
初 二

星期六
5
初 三　　　　　　　　　　　　　　　　惊蛰

星期日
6
初 四

学院生活是神职（Calling），而不是工作（Job）。学者需要投身的是整个一个领域，而不是一个受上下班时间表控制的例行公事活动。

——〔美〕沃特斯著；王小莹译：《希望的敌人：不发表则灭亡如何导致了学术的衰落》，商务印书馆 2011 年，第 12 页。

星期一
7
初　五

星期二
8
初　六

妇女节

星期三
9
初　七

星期四
10
初　八

星期五
11
初　九

星期六
12
初　十

植树节

星期日
13
十　一

读书如问人事一般，欲知彼事，须问彼人。今却不问其人，只以己意料度，谓必是如此。

——〔南宋〕朱熹语录，见：钱穆著：《学籥·朱子读书法》，九州出版社 2016 年，第 8 页。

叁月 第十二周

MAR 2022

星期一
14
十 二

星期二
15
十 三

星期三
16
十 四

星期四
17
十 五

星期五
18
十 六

星期六
19
十 七

星期日
20
十 八

春分

泛观博取，不若熟读而精思。

——〔南宋〕朱熹语录，见：钱穆著：《学篇·朱子读书法》，九州出版社 2016 年，第 16 页。

叁月 第十三周

星期一
21
十 九

星期二
22
二 十

星期三
23
廿 一

星期四
24
廿 二

星期五
25
廿 三

星期六
26
廿 四

星期日
27
廿 五

读书别无法，只管看，便是法。正如呆人相似，捱来捱去，自己却未要先立意见，且虚心，只管看。看来看去，自然晓得。

——〔南宋〕朱熹语录，见：钱穆著：《学籥·朱子读书法》，九州出版社 2016 年，第 10 页。

肆 月

20
22

MON/ 一	TUE/ 二	WED/ 三
4 初四	5 清明节	6 初六
11 十一	12 十二	13 十三
18 十八	19 十九	20 谷雨
25 廿五	26 廿六	27 廿七

THU/ 四	FRI/ 五	SAT/ 六	SUN/ 日
	1 愚人节	2 初二	3 初三
7 初七	8 初八	9 初九	10 初十
14 十四	15 十五	16 十六	17 十七
21 廿一	22 廿二	23 世界读书日	24 廿四
28 廿八	29 廿九	30 三十	

叁月 / 肆月 第十四周

星期一
28
廿 六

星期二
29
廿 七

星期三
30
廿 八

星期四
31
廿 九

星期五
1
三 月   愚人节

星期六
2
初 二

星期日
3
初 三

今人只讲训诂考据，而不求义理，遂至于终年读许多书，而做人办事全无长进，与不读书者等。此风气急宜挽回。

——〔清〕陈澧语录，见：钱穆著：《学籥·近百年来诸儒论读书》，九州出版社 2016 年，第 77 页。

肆月 第十五周

星期一

4
初　四

星期二

5
初　五

清明节

星期三

6
初　六

星期四

7
初　七

星期五

8
初　八

星期六

9
初　九

星期日

10
初　十

愿中国青年都摆脱冷气，只是向上走，不必听自暴自弃者流的话。
能做事的做事，能发声的发声。有一分热，发一分光，就令萤火一
般，也可以在黑暗里发一点光，不必等候炬火。此后如竟没有炬火：
我便是唯一的光。

—— 鲁迅《热风·随感录四十一》，见：《鲁迅全集》第一卷，人
民文学出版社 2005 年，第 341 页。

星期一
11
十 一

星期二
12
十 二

星期三
13
十 三

星期四
14
十 四

星期五
15
十 五

星期六
16
十 六

星期日
17
十 七

图书馆是个缓和孤独的好地方，是名副其实的遗世独立之所，可以让你部分介入到几百年来一直进行着的某场对话中——即便此时只有你一个人在场。图书馆也是个充满耳语的地方：你不需要将一本书从书架上拿下来，就知道里面有个声音正等待着向你倾诉故事。

——［美］奥尔琳著；文泽尔译：《亲爱的图书馆》，文汇出版社2021年，第339页。

肆月 第十七周

APR 2022

星期一
18
十 八

星期二
19
十 九

星期三
20
二 十

谷雨

星期四
21
廿 一

星期五
22
廿 二

星期六
23
廿 三

世界读书日

星期日
24
廿 四

米格尔·德·塞万提斯、威廉·莎士比亚和加尔西拉索（秘鲁文学家——编者注）都是于1616年4月23日辞世，大会正式宣布将每年的4月23日定为"世界读书日"。

—— 联合国教科文组织第28次大会决议，1995年，巴黎。

肆月 / 伍月 第十八周　　　　　　　APR/MAY 2022

星期一
25
廿 五

星期二
26
廿 六

星期三
27
廿 七

星期四
28
廿 八

星期五
29
廿 九

星期六
30
三 十

星期日
1
四 月　　　　　　　　　　　　　　　　　　　劳动节

没有人从图书馆毕业，没有人（也不应该有人）能从图书馆毕业。

—— 美国学者、纽约卡内基基金会主席瓦坦·格雷戈里恩（Vartan Gregorian）语录，见：《图书馆名言集》，国家图书馆出版社 2013 年，第 58 页。

摹古双册·松亭读书图（局部）

〔明末清初〕陈洪绶（1598—1652）

伍 月

20

22

MON/ 一	TUE/ 二	WED/ 三
2 初二	3 初三	4 青年节
9 初九	10 初十	11 十一
16 十六	17 十七	18 十八
23 | 30 廿三 | 五月	24 | 31 廿四 | 初二	25 廿五

THU/ 四	FRI/ 五	SAT/ 六	SUN/ 日
			1 劳动节
5 立夏	6 初六	7 初七	8 母亲节
12 十二	13 十三	17 十四	15 十五
19 十九	20 二十	21 小满	22 廿二
26 廿六	27 廿七	28 廿八	29 廿九

伍月 第十九周

星期一
2
初 二

星期二
3
初 三

星期三
4
初 四　　　　　　　　　　　　　　　　　青年节

星期四
5
初 五　　　　　　　　　　　　　　　　　立夏

星期五
6
初 六

星期六
7
初 七

星期日
8
初 八　　　　　　　　　　　　　　　　　母亲节

· · · **本周记事**

如果这个国家要变得既明智又强大，如果我们想要完成我们的使命，那么我们需要更多的新思想，要更多的聪明人在更多的公共图书馆里阅读更多的好书。

—— 美国总统约翰·肯尼迪（John F. Kennedy）语录，见：《图书馆名言集》，国家图书馆出版社 2013 年，第 10 页。

伍月 第二十周

星期一
9
初　九

星期二
10
初　十

星期三
11
十　一

星期四
12
十　二

星期五
13
十　三

星期六
14
十　四

星期日
15
十　五

图书馆是学习的殿堂,通过学习获得解放的人比历史上的所有战争加起来解放的人还要多。

—— 美国记者、美国新闻署首位黑人署长卡尔·罗文(Carl Rowan)语录,见:《图书馆名言集》,国家图书馆出版社 2013 年,第 14 页。

星期一
16
十　六

星期二
17
十　七

星期三
18
十　八

星期四
19
十　九

星期五
20
二　十

星期六
21
廿　一　　　　　　　　　　　　　　　　　　　小满

星期日
22
廿　二

本周记事

这是一座图书馆，欢迎孩子们和探险者，其他人请勿入内。

——［美］孔茨（Dean Koontz）：《寒焰》（*Cold Fire*），见：《图书馆名言集》，国家图书馆出版社 2013 年，第 25 页。

伍月 第二十二周

星期一
23
廿 三

星期二
24
廿 四

星期三
25
廿 五

星期四
26
廿 六

星期五
27
廿 七

星期六
28
廿 八

星期日
29
廿 九

有人问我，你成功的秘诀是什么，我说没有什么秘诀，我有经验，可以用八个字来概括，就是知识、汗水、灵感和机遇。知识是基础，汗水要实践，所谓灵感就是思想火花。思想火花人人有，你不要放弃它。机会宠爱有心人，英文讲就是 Chance favors the prepared mind。

—— 农业科学家、中国工程院院士袁隆平为中国科技馆"国家最高科学技术奖获奖科学家寄语青少年"活动录制视频。

阅读的少女（Girl Reading）
[美]弗雷德里克·卡尔·弗里塞克
（Frederick Carl Frieseke, 1874—1939）

MON/ 一	TUE/ 二	WED/ 三
		1 儿童节
6 芒种	7 初九	8 初十
13 十五	14 十六	15 十七
20 廿二	21 夏至	22 廿四
27 廿九	28 三十	29 六月

THU/四	FRI/五	SAT/六	SUN/日
2 初四	3 端午节	4 初六	5 初七
9 十一	10 十二	11 十三	12 十四
16 十八	17 十九	18 二十	19 父亲节
23 廿五	24 廿六	25 廿七	26 廿八
30 初二			

星期一
30
五　月

星期二
31
初　二

星期三
1
初　三　　　　　　　　　　　　　　　　　　　　　儿童节

星期四
2
初　四

星期五
3
初　五　　　　　　　　　　　　　　　　　　　　　端午节

星期六
4
初　六

星期日
5
初　七

读童书很快。童书通常比成人读物短，如果你觉得没时间阅读，肯定有时间看童书。

——［美］珍·罗宾逊（Jen Robinson）:《为什么成人应该读童书》，见:《书语者》，新疆青少年出版社 2016 年，第 115 页。

陆月 第二十四周　　　　　　　　　　　JUN 2022

星期一
6
初 八　　　　　　　　　　　　　　　　　芒种

星期二
7
初 九

星期三
8
初 十

星期四
9
十 一

星期五
10
十 二

星期六
11
十 三

星期日
12
十 四

我在许多学校上过学，但最爱的是清华大学；在清华大学里，最爱清华图书馆。

——杨绛：《我爱清华图书馆》，见：侯竹筠、韦庆缘主编：《不尽书缘：忆清华大学图书馆》，清华大学出版社 2001 年，第 5 页。

陆月 第二十五周

星期一
13
十 五

星期二
14
十 六

星期三
15
十 七

星期四
16
十 八

星期五
17
十 九

星期六
18
二 十

星期日
19
廿 一

父亲节

我们不可能有好的图书馆，除非我们有好的图书馆员——他们要接受过适当的教育，专业合格，并且得到公正的奖励。

——美国图书馆和情报学教授、作家赫伯特·S. 怀特（Herbert S. White）语录，见：《图书馆名言集》，国家图书馆出版社 2013 年，第 38 页。

星期一
20
廿 二

星期二
21
廿 三　　　　　　　　　　　　　　　　　夏至

星期三
22
廿 四

星期四
23
廿 五

星期五
24
廿 六

星期六
25
廿 七

星期日
26
廿 八

怎样想出好想法？你得想出很多想法，然后摒弃好多不好的。

—— 美国化学家、诺贝尔化学奖获得者莱纳斯·鲍林（Linus Pauling）语录，见：〔加〕布莱特编；王正林译：《非常言：来自诺贝尔奖的声音》，中国友谊出版公司2012年，第40页。

（顾绣）渔樵耕读图（局部）

〔清〕不详

顾绣指顾家刺绣，起源于明代松江（今上海）顾名世家。该图作于乾隆年间，以绣绘结合的技法，远近山坡以笔墨绘就，而人物、木桥、茅屋、树木等则为绣制。

柒月

20
22

MON/ 一	TUE/ 二	WED/ 三
4 初六	5 初七	6 初八
11 十三	12 十四	13 十五
18 二十	19 廿一	20 廿二
25 廿七	26 廿八	27 廿九

THU/ 四	FRI/ 五	SAT/ 六	SUN/ 日
	1 建党节	2 初四	3 初五
7 小暑	8 初十	9 十一	10 十二
14 十六	15 十七	16 十八	17 十九
21 廿三	22 廿四	23 大暑	24 廿六
28 三十	29 七月	30 初二	31 初三

星期一
27
廿 九

星期二
28
三 十

星期三
29
六 月

星期四
30
初 二

星期五
1
初 三　　　　　　　　　　　　　　　　　　　建党节

星期六
2
初 四

星期日
3
初 五

子曰："德不孤，必有邻。"(《论语·里仁》)
【释义】孔子说："有德的人不会孤立，一定会有与他亲近的人。"

—— 钱逊解读：《论语》(中华传统文化百部经典)，国家图书馆出版社 2017 年，第 135 页。

柒月 第二十八周　　　　　　　　　　　　　　JUL 2022

星期一
4
初 六

星期二
5
初 七

星期三
6
初 八

星期四
7
初 九　　　　　　　　　　　　　　　　　　　　　　　小暑

星期五
8
初 十

星期六
9
十 一

星期日
10
十 二

子曰："质胜文则野，文胜质则史。文质彬彬，然后君子。"（《论语·雍也》）

【释义】孔子说："朴实多于文采，就未免粗野；文采多于朴实，又未免虚浮。文采和朴实，配合适当，这才是个君子。"

—— 杨伯峻译注：《论语译注》（中国古典名著译注丛书），中华书局 1980 年第 2 版，第 61 页。

星期一
11
十 三

星期二
12
十 四

星期三
13
十 五

星期四
14
十 六

星期五
15
十 七

星期六
16
十 八

星期日
17
十 九

己欲立而立人，己欲达而达人。(《论语·雍也》)

【释义】自己想在社会上立足，就也帮助别人立足；自己想要通达，就也帮助别人通达。

—— 钱逊解读：《论语》(中华传统文化百部经典)，国家图书馆出版社 2017 年，第 178 页。

柒月 第三十周   JUL 2022

星期一
18
二 十

星期二
19
廿 一

星期三
20
廿 二

星期四
21
廿 三

星期五
22
廿 四

星期六
23
廿 五   大暑

星期日
24
廿 六

士不可以不弘毅，任重而道远。(《论语·泰伯》)

【释义】读书人不可以不刚强而有毅力，因为他负担沉重，路程遥远。

—— 杨伯峻译注：《论语译注》(中国古典名著译注丛书)，中华书局 1980 年第 2 版，第 80 页。

柒月 第三十一周

星期一
25
廿 七

星期二
26
廿 八

星期三
27
廿 九

星期四
28
三 十

星期五
29
七 月

星期六
30
初 二

星期日
31
初 三

道，可道，非常道。名，可名，非常名。(《老子·一章》)
【释义】"道"，说得出的，它就不是永恒的"道"；名，叫得出的，它就不是永恒的名。

—— 任继愈著：《老子绎读》，国家图书馆出版社 2015 年第 2 版，第 1-2 页。

穿白衣服的读者（The Reader in White）
〔法〕让·路易·欧内斯特·梅松尼尔
（Jean Louis Ernest Meissonier, 1815—1891）

MON/ 一	TUE/ 二	WED/ 三
1 建军节	2 初五	3 初六
8 十一	9 十二	10 十三
15 十八	16 十九	17 二十
22 廿五	23 处暑	24 廿七
29 初三	30 初四	31 初五

THU/ 四	FRI/ 五	SAT/ 六	SUN/ 日
4 夕节	5 初八	6 初九	7 立秋
11 十四	12 十五	13 十六	14 十七
18 廿一	19 廿二	20 廿三	21 廿四
25 廿八	26 廿九	27 八月	28 初二

星期一
1
初 四　　　　　　　　　　　　　　　　　　　建军节

星期二
2
初 五

星期三
3
初 六

星期四
4
初 七　　　　　　　　　　　　　　　　　　　七夕节

星期五
5
初 八

星期六
6
初 九

星期日
7
初 十　　　　　　　　　　　　　　　　　　　立秋

纤云弄巧，飞星传恨，银汉迢迢暗度。金风玉露一相逢，便胜却人间无数。　　柔情似水，佳期如梦，忍顾鹊桥归路。两情若是久长时，又岂在朝朝暮暮。（秦观《鹊桥仙》）

—— 周汝昌等著:《唐宋词鉴赏辞典》，上海辞书出版社 2011 年第 2 版，第 808 页。

星期一
8
十 一

星期二
9
十 二

星期三
10
十 三

星期四
11
十 四

星期五
12
十 五

星期六
13
十 六

星期日
14
十 七

上善若水。水善利万物而不争，处众人之所恶，故几于道。(《老子·八章》)

【释义】最高的善像水那样。水善于帮助万物而不与争利，它停留在众人所不喜欢的地方，所以最接近"道"。

—— 任继愈著:《老子绎读》，国家图书馆出版社 2015 年第 2 版，第 17 页。

星期一
15
十 八

星期二
16
十 九

星期三
17
二 十

星期四
18
廿 一

星期五
19
廿 二

星期六
20
廿 三

星期日
21
廿 四

本周记事

人病舍其田而芸人之田——所求于人者重，而所以自任者轻。（《孟子·尽心下》）

【释义】人们的毛病往往在于放着自己的田不耕，却去耕别人的田——要求别人的很多，自己承担的却很少。

—— 梁涛解读：《孟子》（中华传统文化百部经典），国家图书馆出版社 2017 年，第 437—438 页。

123

星期一
22
廿五

星期二
23
廿六　　　　　　　　　　　　　　　　　　处暑

星期三
24
廿七

星期四
25
廿八

星期五
26
廿九

星期六
27
八月

星期日
28
初二

君子有三乐……父母俱存，兄弟无故，一乐也；仰不愧于天，俯不怍于人，二乐也；得天下英才而教育之，三乐也。(《孟子·尽心上》)
【注释】怍（zuò）：羞愧。

—— 梁涛解读：《孟子》(中华传统文化百部经典)，国家图书馆出版社 2017 年，第 389—390 页。

櫻桃口
十郎朦胧針
倚春風半懶
時一種心情黄消
遣翻編欲展又
凝思 朱元璋

雍亲王题书堂深居图屏·观书沉吟

〔清〕宫廷画师

MON/ 一	TUE/ 二	WED/ 三
5 初十	6 十一	7 白露
12 十七	13 十八	14 十九
19 廿四	20 廿五	21 廿六
26 九月	27 初二	28 初三

THU/ 四	FRI/ 五	SAT/ 六	SUN/ 日
1 初六	2 初七	3 初八	4 初九
8 十三	9 十四	10 中秋节 教师节	11 十六
15 二十	16 廿一	17 廿二	18 廿三
22 廿七	23 秋分	24 廿九	25 三十
29 初四	30 初五		

星期一
29
初 三

星期二
30
初 四

星期三
31
初 五

星期四
1
初 六

星期五
2
初 七

星期六
3
初 八

星期日
4
初 九

自暴者，不可与有言也；自弃者，不可与有为也。（《孟子·离娄上》）
【释义】糟蹋自己的人，同他没有什么好说的；放弃自己的人，同他没有什么好做的（批评自暴自弃）。

—— 梁涛解读：《孟子》（中华传统文化百部经典），国家图书馆出版社 2017 年，第 208–209 页。

星期一
5
初 十

星期二
6
十 一

星期三
7
十 二   白露

星期四
8
十 三

星期五
9
十 四

星期六
10
十 五   中秋节 | 教师节

星期日
11
十 六

明月几时有？把酒问青天。不知天上宫阙，今夕是何年？我欲乘风归去，又恐琼楼玉宇，高处不胜寒。起舞弄清影，何似在人间！　　转朱阁，低绮户，照无眠。不应有恨，何事长向别时圆？人有悲欢离合，月有阴晴圆缺，此事古难全。但愿人长久，千里共婵娟。（苏轼《水调歌头》）

—— 周汝昌等著：《唐宋词鉴赏辞典》，上海辞书出版社 2011 年第 2 版，第 589 页。

星期一
12
十 七

星期二
13
十 八

星期三
14
十 九

星期四
15
二 十

星期五
16
廿 一

星期六
17
廿 二

星期日
18
廿 三

孟子曰："人之患，在好为人师。"(《孟子·离娄上》)

【点评】儒家重视学，主张以他人为师。若只好为人师，则自满不复进取，此做人之大患也。

—— 梁涛解读:《孟子》(中华传统文化百部经典)，国家图书馆出版社 2017 年，第 223 页。

星期一
19
廿 四

星期二
20
廿 五

星期三
21
廿 六

星期四
22
廿 七

星期五
23
廿 八   秋分

星期六
24
廿 九

星期日
25
三 十

颂其诗，读其书，不知其人，可乎？是以论其世也。是尚友也。(《孟子·万章下》)

【释义】吟诵他们所写的诗，研读他们所著的书，不了解他们的为人，可以吗？所以要讨论他们所处的时代。这就是上溯历史与古人交友。

—— 梁涛解读：《孟子》(中华传统文化百部经典)，国家图书馆出版社2017年，第308-309页。

星期一
26
九 月

星期二
27
初 二

星期三
28
初 三

星期四
29
初 四

星期五
30
初 五

星期六
1
初 六　　　　　　　　　　　　　　　　　国庆节

星期日
2
初 七

人生天地之间，若白驹之过郤，忽然而已。(《庄子·知北游》)

【注释】白驹之过郤：阳光掠过空隙。

—— 陈鼓应解读：《庄子》(中华传统文化百部经典)，国家图书馆出版社 2017 年，第 309-310 页。

假日阅读（Holiday Reading）（局部）

〔瑞典〕卡尔·拉森（Carl Olof Larsson，1853—1919）

拾 月

20
22

MON/ 一	TUE/ 二	WED/ 三
3 初八	4 重阳节	5 初十
10 十五	11 十六	12 十七
17 廿二	18 廿三	19 廿四
24 | 31 廿九 初七	25 十月	26 初二

THU/ 四	FRI/ 五	SAT/ 六	SUN/ 日
		1 国庆节	2 初七
6 十一	7 十二	8 寒露	9 十四
13 十八	14 十九	15 二十	16 廿一
20 廿五	21 廿六	22 廿七	23 霜降
27 初三	28 初四	29 初五	30 初六

星期一
3
初 八

星期二
4
初 九 　　　　　　　　　　　　　　　| 重阳节 |

星期三
5
初 十

星期四
6
十 一

星期五
7
十 二

星期六
8
十 三 　　　　　　　　　　　　　　　| 寒露 |

星期日
9
十 四

吾尝终日而思矣，不如须臾之所学也；吾尝跂而望矣，不如登高之博见也。(《荀子·劝学》)

—— 廖名春解读：《荀子》(中华传统文化百部经典)，国家图书馆出版社 2017 年，第 46 页。

星期一
10
十 五

星期二
11
十 六

星期三
12
十 七

星期四
13
十 八

星期五
14
十 九

星期六
15
二 十

星期日
16
廿 一

赠人以言，重于金石珠玉。(《荀子·非相》)

—— 廖名春解读：《荀子》(中华传统文化百部经典)，国家图书馆出版社 2017 年，第 116 页。

星期一
17
廿 二

星期二
18
廿 三

星期三
19
廿 四

星期四
20
廿 五

星期五
21
廿 六

星期六
22
廿 七

星期日
23
廿 八   霜降

与人善言，暖于布帛；伤人以言，深于矛戟。《荀子·荣辱》

——廖名春解读：《荀子》（中华传统文化百部经典），国家图书馆出版社 2017 年，第 89 页。

星期一
24
廿 九

星期二
25
十 月

星期三
26
初 二

星期四
27
初 三

星期五
28
初 四

星期六
29
初 五

星期日
30
初 六

子曰："见贤思齐焉，见不贤而内自省也。"(《论语·里仁》)

【释义】孔子说："见到贤人，就希望向他看齐；见到不贤的人，就自己反省有没有类似的毛病。"

—— 钱逊解读：《论语》(中华传统文化百部经典)，国家图书馆出版社 2017 年，第 131 页。

小青小影图（局部）
〔清〕顾洛（1763—约 1837）

MON/ 一	TUE/ 二	WED/ 三
	1 初八	2 初九
7 立冬	8 十五	9 十六
14 廿一	15 廿二	16 廿三
21 廿八	22 小雪	23 三十
28 初五	29 初六	30 初七

THU/ 四	FRI/ 五	SAT/ 六	SUN/ 日
3 初十	4 十一	5 十二	6 十三
10 十七	11 十八	12 十九	13 二十
17 廿四	18 廿五	19 廿六	20 廿七
24 十一月	25 初二	26 初三	27 初四

星期一
31
初 七

星期二
1
初 八

星期三
2
初 九

星期四
3
初 十

星期五
4
十 一

星期六
5
十 二

星期日
6
十 三

科学精神就是只问是非，不计利害。

—— 气象学家、地理学家、中国科学院院士竺可桢语录，见：中国科学院学部院士文库项目组编：《智慧之书：482 条令人终身受益的院士箴言》，科学出版社 2020 年，第 103 页。

星期一

7

十 四　　　　　　　　　　　　　　　　　　　　　　　立冬

星期二

8

十 五

星期三

9

十 六

星期四

10

十 七

星期五

11

十 八

星期六

12

十 九

星期日

13

二 十

天才在于积累，聪明在于勤奋。

—— 数学家、中国科学院院士华罗庚语录，见：中国科学院学部院士文库项目组编：《智慧之书：482 条令人终身受益的院士箴言》，科学出版社 2020 年，第 165 页。

拾壹月 第四十七周

星期一
14
廿 一

星期二
15
廿 二

星期三
16
廿 三

星期四
17
廿 四

星期五
18
廿 五

星期六
19
廿 六

星期日
20
廿 七

一个人光有学术兴趣还远远不够，没有付出努力的人，即使再聪明也无法取得大的成就。兴趣加上勤奋才能到达光辉的顶点。

—— 遗传学家、中国科学院院士谈家桢语录，见：中国科学院学部院士文库项目组编：《智慧之书：482 条令人终身受益的院士箴言》，科学出版社 2020 年，第 172 页。

拾壹月 第四十八周

星期一
21
廿 八

星期二
22
廿 九

小雪

星期三
23
三 十

星期四
24
十一月

星期五
25
初 二

星期六
26
初 三

星期日
27
初 四

在读书的过程中要敢于挑错，发现问题比什么都重要，这实际就是
创新。

—— 地球物理学家、石油地质学家、中国科学院院士翁文波语录，
见：中国科学院学部院士文库项目组编：《智慧之书：482 条令人
终身受益的院士箴言》，科学出版社 2020 年，第 42 页。

MON/ 一	TUE/ 二	WED/ 三
5 十二	6 十三	7 大雪
12 十九	13 二十	14 廿一
19 廿六	20 廿七	21 廿八
26 初四	27 初五	28 初六

THU/ 四	FRI/ 五	SAT/ 六	SUN/ 日
1 初八	2 初九	3 初十	4 十一
8 十五	9 十六	10 十七	11 十八
15 廿二	16 廿三	17 廿四	18 廿五
22 冬至	23 腊月	24 初二	25 圣诞节
29 初七	30 腊八节	31 初九	

星期一
28
初 五

星期二
29
初 六

星期三
30
初 七

星期四
1
初 八

星期五
2
初 九

星期六
3
初 十

星期日
4
十 一

读书与科研是互相促进的。只读书不搞科研，就会失掉动力与方向，成为书呆子！只搞科研不读书，就没有根基，也就做不出来高水平的工作。

—— 物理化学家、中国科学院院士唐敖庆语录，见：中国科学院学部院士文库项目组编：《智慧之书：482 条令人终身受益的院士箴言》，科学出版社 2020 年，第 87 页。

星期一

5

十 二

星期二

6

十 三

星期三

7

十 四   大雪

星期四

8

十 五

星期五

9

十 六

星期六

10

十 七

星期日

11

十 八

《象》曰："天行健，君子以自强不息。"(《周易·乾卦》)
【点评】《乾》卦的卦象为天，天道的运行刚健有力。君子观此卦象，推天道以明人事，接受自然法则的启示，把天道的刚健有力转化为自己的主体精神和内在品质，自强不息，积极进取。

—— 余敦康解读：《周易》(中华传统文化百部经典)，国家图书馆出版社 2017 年，第 49 页。

星期一
12
十 九

星期二
13
二 十

星期三
14
廿 一

星期四
15
廿 二

星期五
16
廿 三

星期六
17
廿 四

星期日
18
廿 五

很多时候爱迪生都会以生病不能工作为借口请假……但他总会直奔图书馆，待上整个白天和晚上，孜孜不倦地阅读……电力方面的论著。

—— 〔美〕咸甘德著；谢欢、谢天译：《美国公共图书馆史》，国家图书馆出版社 2021 年，第 35 页。

星期一
19
廿 六

星期二
20
廿 七

星期三
21
廿 八

星期四
22
廿 九   冬至

星期五
23
腊 月

星期六
24
初 二

星期日
25
初 三   圣诞节

海明威在少年时期经常光顾伊利诺伊州奥克帕克公共图书馆。1953年，他在该馆成立五十周年时写道："它对我的生活意义重大"，并送了一张 100 美元的支票给该图书馆。"如果你们发现我有罚款或欠费，可用这笔钱支付"，他开玩笑地说道。

——〔美〕威甘德著；谢欢、谢天译：《美国公共图书馆史》，国家图书馆出版社 2021 年，第 75 页。

星期一
26
初 四

星期二
27
初 五

星期三
28
初 六

星期四
29
初 七

星期五
30
初 八

腊八节

星期六
31
初 九

星期日

公共图书馆是他们在公共领域中第一个享受成年人权利的场所，当他们在童年时期办理第一张公共图书馆的读者卡时，便正式承担起了保护公共财产的公民责任。

——〔美〕威甘德著；谢欢、谢天译：《美国公共图书馆史》，国家图书馆出版社 2021 年，第 3 页。

壹 月
20
23

MON/ 一	TUE/ 二	WED/ 三
2 十一	3 十二	4 十三
9 十八	10 十九	11 二十
16 廿五	17 廿六	18 廿七
23 | 30 初二 | 初九	24 | 31 初三 | 初十	25 初四

THU/四	FRI/五	SAT/六	SUN/日
			1 元旦
5 小寒	**6** 十五	**7** 十六	**8** 十七
12 廿一	**13** 廿二	**14** 廿三	**15** 廿四
19 十八	**20** 大寒	**21** 除夕	**22** 春节 金兔贺岁
26 初五	**27** 初六	**28** 初七	**29** 初八

打卡管理任务　　↓表头可填不同的任务名称，每次打卡，可记录时间或特殊情况。

次数	阅读	锻炼			
1					
2					
3					
4					
5					
6					
7					
8					
9					
10					
11					
12					
13					
14					
15					
16					
17					
18					

次数					
19/1					
20/2					
21/3					
22/4					
23/5					
24/6					
25/7					
26/8					
27/9					
28/10					
29/11					
30/12					
31/13					
32/14					
33/15					
34/16					
35/17					
36/18					

旅行 · 出差须带物品清单

"伸手要钱":	身份证(护照)	手机	钥匙	钱包	车(机)票	
衣 服:	正装	休闲装	睡(内)衣	袜子	皮(运动)鞋	
配 件:	帽子	围巾	发饰	项链		
洗 漱:	毛巾	牙刷(膏)	剃须刀	洗面奶	护发素	梳子
护肤品:	护肤水	面霜	眼霜	防晒霜	面膜	
化妆品:	粉底液	粉饼	眼影	口红(唇膏)	眉笔	香水
眼 镜:	眼镜盒	隐形眼镜	护理液	墨镜		
电子产品:	电脑	电源线	鼠标	U盘	充电宝	各种充电线
药 品:	感冒药	创口贴	过敏药	退烧药	糖块	
卫 生:	湿纸巾	手帕纸	卫生纸	酒精湿巾	口罩	
书式生活:	书	记录本	笔	保温杯	茶(咖啡)	
旅 途:	耳机	耳塞	U型枕	眼罩	伞	

欢迎来图书馆旅行，盖章打卡